VOYAGE DANS UN TIROIR

Coulommiers. — Imp. P. BRODARD et GALLOIS.

VOYAGE
DANS UN TIROIR

PAR

ADRIEN LINDEN

DEUXIÈME ÉDITION

PARIS
LIBRAIRIE CH. DELAGRAVE
15, RUE SOUFFLOT, 15

1886

VOYAGE DANS UN TIROIR

La maman de Claude et de Mariette était veuve et n'avait plus d'autres parents que son oncle Maurice, ancien capitaine.

Un jeudi, la mère dit à ses enfants :

— Allez chez votre grand-oncle, et priez-le de venir dîner à la maison.

Mariette sauta de joie en recevant cet ordre. Claude ne manifesta pas la même satisfaction.

Le petit garçon aimait pourtant bien l'oncle Maurice ; mais il trouvait que l'oncle Maurice se montrait un peu sévère à son égard.

Beaucoup d'enfants trouvent sévères les personnes qui les grondent ou qui les punissent. Ils ne savent pas, ces enfants-là, que les arbres qui ne sont pas maintenus dès leur jeune âge deviennent tordus et bossus en grandissant, et que les petits garçons et les petites filles qu'on ne réprimande jamais deviennent maussades, volontaires, paresseux et souvent quelque chose de pis encore. Or Claude avait, sans le savoir, un défaut qui lui nuisait beaucoup : il était trop satisfait de sa petite personne. Comme il étudiait avec zèle et qu'il occupait le premier rang de sa classe, il s'imaginait tout savoir et se croyait un personnage.

L'oncle Maurice, qui voyait avec peine la vanité se glisser dans l'âme de son petit-neveu, ne manquait jamais l'occasion de le rappeler à la modestie.

Voilà pourquoi Claude jugeait le capitaine un peu sévère, et voilà pourquoi il n'était pas très empressé à lui rendre visite.

Quand les enfants vinrent s'acquitter de leur mission, ils trouvèrent leur grand-oncle devant une toile, une palette à la main.

— Nous partirons ensemble quand j'aurai terminé ce paysage, leur dit-il : amusez-vous en m'attendant.

Claude s'assit devant une table et feuilleta un album. La petite fille, ne sachant trop que faire, ouvrit le tiroir de cette table et en retira divers objets.

— Qu'est cela? demanda-t-elle au maître du logis en lui montrant un morceau d'amadou.

— Ton frère, qui sait tout, va te l'apprendre, répondit le capitaine.

— C'est de l'amadou, dit aussitôt le petit garçon.

— C'est bientôt dit : de l'amadou; mais qu'est-ce que c'est que l'amadou?

L'enfant baissa la tête et ne répondit pas.

— Je vais te l'apprendre.

AMADOU.

L'*amadou* est une espèce de champignon qui croît sur l'écorce des arbres. On ramollit cette excroissance végétale en la battant avec des maillets ; ensuite on la fait tremper dans une eau saturée de nitrate de potasse, et, quand elle est sèche, on la frotte avec de la poudre à canon.

LA RÉCOLTE DE L'AMADOU.

Avant l'emploi des allumettes chimiques, inventées vers 1835, l'amadou était d'un grand usage ; aujourd'hui on le prépare sans nitrate de potasse car il ne sert plus guère qu'aux médecins pour arrêter les hémorragies.

— Et ceci, à quoi cela sert-il? demanda Mariette en montrant un bâton de cire.

— A fermer les lettres et les paquets, lui répondit son frère. C'est de la cire à cacheter et la cire à cacheter est faite avec de la cire d'abeilles.

— C'est le nom qui te trompe, dit le grand-oncle; il n'entre pas un atome de cire d'abeilles dans cette composition.

Méfie-toi des noms; ils ne définissent pas toujours les objets auxquels on les applique. Ainsi, beaucoup de personnes s'imaginent que la toile cirée est enduite d'une couche de cire et le taffetas gommé d'une couche de gomme; eh bien, il n'entre ni cire ni gomme dans ces produits.

— Comment se font-ils? demanda Mariette.

— Cela dépend de l'usage auquel on les

destine. Je vais en quelques mots t'indiquer la manière de les fabriquer.

LA TOILE CIRÉE.

La *toile cirée* se présente sous des aspects distincts : elle est rigide ou souple.

La *toile cirée rigide* est destinée à couvrir les meubles et les planchers.

Pour l'obtenir on procède ainsi :

On tend sur un châssis, long de 5 à 10 mètres, une toile de fil de chanvre à mailles peu serrées. On applique sur cette toile tendue un encollage qui bouche les pores du tissu tout en lui donnant de la consistance. Sur cette toile, encollée de la sorte, on étend, au moyen d'une lame de fer, une couche d'enduit composé d'huile de lin siccative et de terre fine, appelée ocre. On fait sécher cette toile ainsi enduite, soit au soleil, soit dans une étuve. Lorsque l'enduit est bien sec, on l'unit en le frottant avec une pierre ponce. Après quoi, on applique une seconde couche d'enduit.

Du nombre de couches d'enduit dépend nécessairement l'épaisseur de la toile cirée.

Lorsque l'épaisseur désirée est obtenue, on procède à la décoration.

Cette décoration se fait de plusieurs manières.

Les dessins réguliers, les mosaïques, les arabesques, les fleurs, s'obtiennent par l'impression. A cet effet, on applique sur la toile des planches gravées en relief sur du bois de poirier. Ces planches sont imprégnées de couleurs à l'huile. Il faut autant de planches gravées qu'il y a de couleurs à imprimer.

Les imitations de bois et de marbre se font d'après les procédés employés dans la pein-

FABRIQUE DE TOILES CIRÉES.

ture en bâtiments, c'est-à-dire à l'aide des brosses à marbrer et à veiner. Ces imitations se font à la main.

Les dessins lithographiés, paysages, figures, etc., s'obtiennent d'après les procédés employés par la décalcomanie, c'est-à-dire en appliquant directement la face du papier lithographié sur la toile cirée, qui a été préalablement enduite d'une couche d'un mordant poisseux. La feuille de papier se colle sur le mordant et demeure fixée sur la toile. Quand le mordant est bien sec, on mouille le papier et on l'enlève en le frottant avec le bout du doigt. Ceci fait, le dessin apparaît comme s'il avait été imprimé directement sur la toile.

Lorsque impression, imitation de bois ou décalcage sont finis et bien secs, on les recouvre d'une couche de vernis qui donne plus d'éclat, plus de transparence aux couleurs et qui les protège contre l'action de l'air et contre le frottement.

Ce vernis, très solide, est un mélange de gomme-copal fondue, d'huile de lin siccative et d'essence de térébenthine.

Ce vernis s'applique à la brosse et se sèche à l'étuve.

La plupart des toiles cirées que l'on place sur les meubles sont comme doublées d'une espèce de velours vert. Voici de quelle façon on obtient ce velouté. On applique sur l'envers de la toile un mordant tenace; quand ce mordant est à moitié sec, on répand sur toute la surface de la toile une poussière de laine teinte; cette poussière se fixe sur le mordant et ne s'en sépare plus.

La *toile cirée souple*, n'étant pas destinée aux mêmes usages que la toile cirée rigide, se fait d'une autre manière.

On emploie, pour obtenir de la toile cirée souple, des tissus plus ou moins épais en fil de coton à mailles serrées. Ces tissus étant montés sur châssis ne reçoivent point d'encollage; ils sont directement enduits d'une matière composée d'huile de lin siccative et de noir de fumée.

Le *taffetas gommé* se fait avec de la gaze ou de très fines étoffes. On ne monte pas ces tissus sur châssis; on les trempe simplement dans de l'huile de lin siccative et on les fait sécher à l'étuve.

Remarquez que tous les enduits employés dans cette industrie ont pour base l'huile de lin rendue siccative et non la cire ou la gomme.

— Qu'est-ce que c'est que l'huile siccative?

— C'est une huile qui a la propriété de sécher promptement et de faire sécher les matières auxquelles on la mêle.

— Vous ne m'avez pas dit avec quoi se fait la cire à cacheter.

LA CIRE A CACHETER.

La *cire à cacheter* se fait avec des matières résineuses que l'on tire des arbres ou des plantes, telles que gomme-laque, colophane, galipot, etc., que l'on mélange avec des couleurs métalliques.

La cire à cacheter fine est faite avec des résines et des couleurs de prix. La cire à cacheter les bouteilles et les paquets se fait avec de la résine de sapin et de grossières couleurs.

— Voici quelque chose que je connais bien, dit la petite fille : c'est du savon.

— Claude va nous expliquer comment on fabrique le savon.

— On n'apprend pas ces choses-là à l'école, répondit le petit garçon.

— On apprend ces choses-là en question-
nant les personnes plus instruites que soi;
mais, pour s'y résoudre, il ne faut pas avoir
la prétention de tout connaître et la vanité de
le dire; sans quoi, dans la crainte de paraître
ignorant, on n'ose pas se renseigner.

LE SAVON.

Le *savon* est un composé de matières
grasses et de sels caustiques, tels que potasse,
soude, ammoniaque, chaux, etc.

Le savon est *solide* ou *mou*.

Les savons mous se font avec de la potasse.

Les savons à base de soude sont tous solides.

Les *savons de toilette* se fabriquent avec
des matières grasses fines, telles que huile
de noisettes, huile d'amandes douces, huile
d'olive, beurre, huile de palme. Cette dernière
est une matière grasse tirée d'un palmier d'Afri-

Fabrique de savon.

que. On donne à ces huiles devenues acides toutes sortes de formes et d'odeurs.

PALMIER

Les *savons de ménage* à base de soude et de potasse se font avec du suif, du saindoux et des matières grasses communes.

Les marbrures qu'on remarque dans certains savons sont dues au sulfate de fer ou

LES LAVANDIÈRES

à d'autres substances colorantes.

— Mais l'huile et la graisse tachent le

linge : comment peuvent-elles servir à le nettoyer? s'écria la petite fille.

— Les matières grasses tachent le linge; la potasse et la chaux le brûlent. Ces substances, employées séparément, nuisent au linge, et, mélangées, deviennent inoffensives; les huiles enlèvent aux sels caustiques ce qu'ils ont de trop mordant, et ces derniers enlèvent aux huiles leur principe graisseux.

— Je comprends, dit Claude, ces substances se corrigent l'une par l'autre.

— A quoi sert ceci? demanda la petite fille.

— C'est de la colle à bouche, lui répondit son frère; seulement je ne puis te dire avec quoi cette colle se fabrique.

LA COLLE.

— La *colle* est une matière gluante qui sert

à réunir deux ou plusieurs choses de manière à n'en former qu'une seule.

Les principales espèces de colles sont : la *gélatine*, la *colle de gants*, la *colle forte*, la *colle de poisson* et la *colle de pâte*.

Les quatre premières sont tirées du règne animal.

Gélatine.

La *gélatine* s'obtient en faisant bouillir à petit feu des os, des cartilages et certaines parties des intestins des animaux, principalement des mammifères. Après l'ébullition, on filtre la matière et on la laisse refroidir. Quand elle a pris une certaine consistance, on la divise en feuilles ou en plaques plus ou moins épaisses, et on les fait sécher à l'air sur des claies garnies d'un filet à larges mailles. Cette colle, de couleur blonde, est surtout employée dans les arts. On en fait des feuilles à calquer, des clichés de photographes, des rouleaux d'imprimeurs, etc.

Colle de gants.

La *colle de gants* se fabrique avec des rognures de peaux, d'après les mêmes procédés. Cette colle est employée dans l'industrie, principalement à l'encollage des tissus et la peinture à la détrempe.

Colle forte.

La *colle forte* se tire de quantité de débris animaux; elle s'obtient comme les précédentes. Sa couleur varie du brun clair au brun marron. On la divise ordinairement en plaques d'un centimètre d'épaisseur.

Il y a dans le commerce trois espèces de colles fortes qui ont reçu le nom des lieux où elles se fabriquent : la *colle de Flandre;* la *colle de Givet;* la *colle de Paris.*

La colle forte est très employée dans l'industrie. Les ébénistes, les relieurs, les

COLLE FORTE.

bimbelotiers, les plaqueurs, etc., en font un usage journalier.

La *colle à bouche* se fait avec de la colle de Flandre, du sucre et une substance aromatique ; elle s'emploie dans les bureaux pour coller du papier sur des planchettes et pour fermer des enveloppes. On l'appelle ainsi parce que pour s'en servir on l'humecte avec de la salive en la tenant entre les lèvres.

Colle de poisson.

La *colle de poisson* est de la gélatine presque pure ; elle est blanche, translucide et se présente sous l'aspect de lamelles enroulées. Elle provient de la vessie du gros poisson de mer, appelé esturgeon, que l'on pêche à l'embouchure des fleuves de Russie et du nord de l'Europe. Cette colle est employée principalement pour clarifier la bière, le vin et les liqueurs.

Colle de pâte.

La *colle de pâte* est tirée du règne végé-

COLLAGE DU PAPIER PEINT.

tal. Elle se fait avec de la farine de blé dé-
layée dans l'eau et cuite à feu doux. Elle est

employée par les cartonniers, les relieurs, les malletiers, les colleurs d'affiches et de papiers peints.

— Mon oncle, ne colle-t-on pas aussi différents objets avec de la gomme arabique?

— Si vraiment. Il y a une foule de substances visqueuses qui pourraient servir de colle.

— Toutes les gommes, par exemple.

— Non pas toutes, mais un grand nombre.

LES GOMMES.

On désigne communément sous le nom général de gommes, les *gommes proprement dites*, les *résines* et les *gommes-résines;* ce sont pourtant des substances bien différentes.

La *gomme proprement dite* est une substance visqueuse qui s'épaissit à l'air, qui n'est pas inflammable et qui est soluble à l'eau froide ou chaude, à laquelle elle donne une consistance épaisse et visqueuse.

Cette gomme découle naturellement ou par excision de certains arbres. C'est un des principes immédiats des végétaux ; elle est très abondante dans les arbres fruitiers, tels que prunier, abricotier, cerisier, etc.

La gomme dont on fait usage dans le commerce provient d'une espèce d'acacia d'Orient : on l'appelle *gomme arabique*. Elle entre dans la composition des sirops, elle sert à coller les étiquettes, les timbres-poste, les enveloppes ; elle est employée dans la préparation des couleurs en tablettes, dont les artistes font usage pour peindre à l'aquarelle.

La gomme-résine.

La *gomme-résine* est un mélange de gomme et d'une substance résineuse qui découle par incision de beaucoup d'arbres des pays chauds.

La gomme-résine diffère de la gomme proprement dite en ce qu'elle est insoluble à l'eau, et qu'elle est inflammable. Elle se dissout dans l'alcool et les huiles essentielles.

Les plus connues et les plus utiles des gommes-résines sont la *gomme-laque*, la *gutta-percha* et le *caoutchouc*.

La gomme-laque.

La *gomme-laque* est le double produit d'un animal et d'un végétal de l'Inde.

Au moment de la ponte, certaines familles d'insectes s'établissent sur des jeunes branches, se serrent les unes contre les autres et forment une sorte d'enveloppe autour des rameaux ; leurs piqûres déterminent la sortie de la résine de l'arbre. Cette substance arrivant en abondance noie les insectes, les couvre, les soude ensemble et en fait une croûte rugueuse qui constitue la gomme-laque.

Cette substance est fort employée dans l'industrie, et la chapellerie en fait un grand usage. C'est elle qui sert à fixer la peluche de soie sur les chapeaux.

— Comment cela?

— La carcasse de ces chapeaux est établie avec un carton léger, mais solide. On enduit cette carcasse de plusieurs couches de gomme laque liquide qu'on laisse bien sécher. Lorsqu'il s'agit de fixer la peluche de soie sur la carcasse, on fait usage d'un gros fer à repasser : la chaleur du fer ramollit la gomme-laque et l'étoffe demeure collée sur le carton.

La gutta-percha.

La *gutta-percha* est une gomme-résine que

l'on tire d'un arbre appartenant à la famille des artocarpées. Cet arbre croît à Bornéo, à Singapoor, dans l'Indo-Chine et dans plusieurs îles de la Malaisie. Cette résine, lorsqu'elle arrive en Europe, ressemble à des racines desséchées. Elle est dure, légère et imperméable à l'eau. Elle se ramollit dans l'eau chaude et reprend sa dureté en refroidissant. Elle est très résistante, mais peu élastique.

Pouvant se pétrir comme de la pâte, la gutta-percha se moule aisément, prend toutes les formes qu'on veut lui donner et toutes les empreintes des objets sur lesquels on l'applique. Ces propriétés la rendent très précieuse aux industriels et aux artistes. Comme elle peut résister aux acides les plus violents, on s'en sert pour établir des entonnoirs, des fioles, des cuvettes et autres récipients à l'usage des chimistes. Elle est recherchée par les graveurs qui l'emploient pour reproduire leurs ouvrages au moyen de la galvanoplastie.

— Qu'est-ce que c'est que la galvanoplastie, mon oncle? demanda Mariette.

LA GALVANOPLASTIE.

— La *galvanoplastie* est une opération physique et chimique qui consiste à faire décomposer des sels métalliques au moyen d'une pile électrique dans un bassin plein d'eau. Les sels, ainsi fondus en poudre impalpable, se recomposent en tombant sur tous les objets qui se trouvent dans le bassin et les couvrent d'une couche métallique d'or, d'argent ou de cuivre, suivant les sels dont on a fait usage. Si l'on place dans la cuve le moulage d'une planche gravée, le métal en dissolution — qui est ordinairement du cuivre au cas particulier — va se déposer sur ce moulage et donne ainsi des gravures, qui sont exactement semblables aux modèles.

Les reproductions des planches gravées obtenues par ce moyen sont connues dans les arts sous le nom de *clichés galvaniques*.

On peut reproduire ainsi non seulement des gravures, mais encore toutes sortes d'autres objets tels que fleurs, ornements, petits animaux, médailles, etc.

On ne peut mettre dans la cuve que des substances insolubles à l'eau, sans quoi elles se déformeraient. C'est pour ce motif qu'on fait usage de la gutta-percha, qui prend admirablement bien les empreintes et qui ne craint ni l'eau ni les acides.

Lorsqu'on met dans le bain des objets en cuivre, les sels métalliques tenus en suspension se déposent sur ces objets et font corps avec eux. C'est ainsi qu'on dore et qu'on

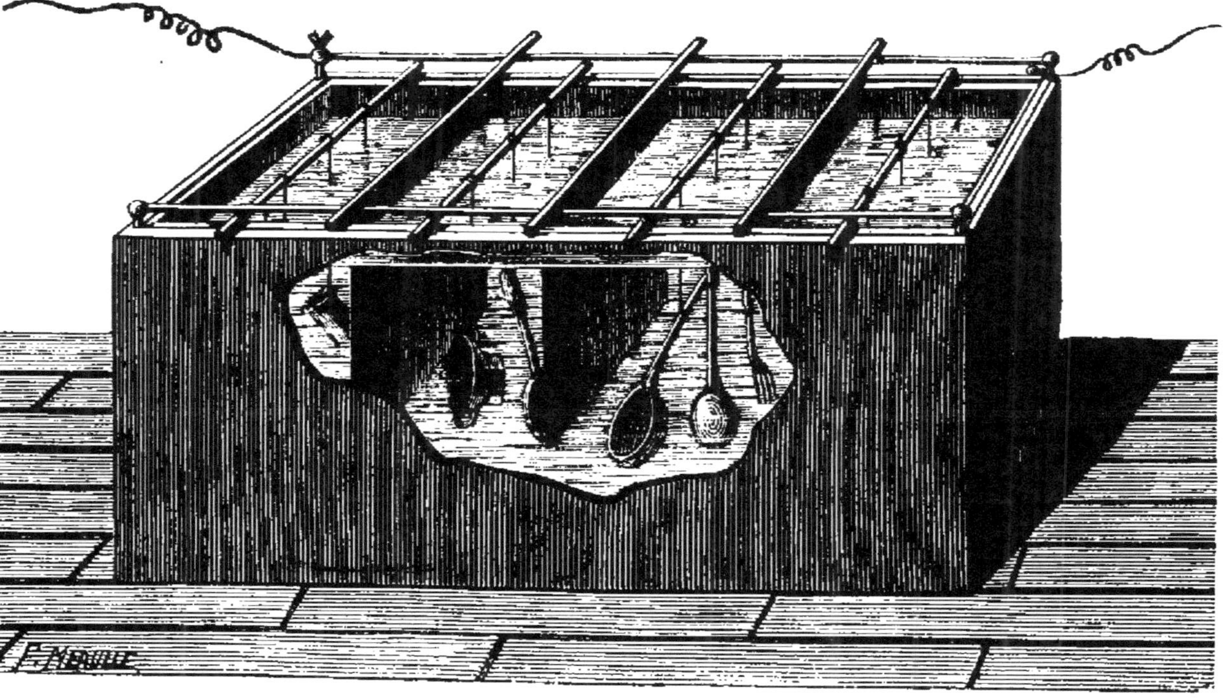

BAIN GALVANIQUE.

argente les couverts de table connus dans le commerce sous le nom de Ruolz, d'Alfénide et de Christofe.

Vous comprenez que plus ces objets demeurent dans le bassin, plus la couche d'or ou d'argent qu'ils reçoivent s'épaissit; cela vous explique pourquoi les objets dorés ou argentés d'après cette méthode coûtent plus ou moins cher.

La gutta-percha, qui résiste si bien aux acides et à l'eau froide, tourne en marmelade quand elle est en contact avec le chloroforme et avec l'essence de térébenthine.

Le caoutchouc.

Le *caoutchouc* est une gomme-résine qui provient d'une espèce de figuier, et de plusieurs autres arbres de la famille des euphorbiacées, notamment de l'hévéa, qui croît en

RÉCOLTE DU CAOUTCHOUC.

abondance dans les forêts de la Guyane, au Brésil, en Afrique et dans les contrées de la zone équatoriale.

Pour obtenir cette gomme-résine, les indigènes pratiquent des incisions sur le tronc des arbres. Le caoutchouc sort par ces ouvertures à l'état de suc laiteux, mêlé à de l'eau de végétation et à de la sève.

Au contact de l'air, l'eau s'évapore, la sève se durcit, et le caoutchouc se coagule séparément.

On le laisse se figer en tablettes, ou bien on l'étend par couches sur des moules en terre friable, ayant la forme de poires.

Après quoi, on l'enfume pour lui enlever son vernis poisseux.

C'est ainsi qu'il est expédié en Europe.

Arrivé dans nos usines, le caoutchouc subit trois manipulations très distinctes : on le prépare en *feuille*, en *pâte* et en *bouillie*.

— N'est-ce pas avec ces feuilles qu'on

façonne les petits ballons rouges? demanda Mariette.

— Oui. On obtient des feuilles qui n'ont pas un quart de millimètre d'épaisseur en sciant des tablettes de *caoutchouc naturel*.

— Il y a des ballons rouges qui sont aussi minces qu'une pelure d'oignon, fit observer Claude.

— Tout à l'heure je t'expliquerai pourquoi.

L'emploi du caoutchouc naturel est fort restreint parce qu'il est thermométrique : il se durcit au froid et se ramollit à la chaleur; c'est pour ce motif que le caoutchouc, qui était connu depuis longtemps déjà, ne trouvait que peu d'applications utiles.

Vers 1843, on découvrit le moyen de rendre le caoutchouc insensible à la température atmosphérique, tout en lui donnant plus de force et de souplesse. Dès lors, on employa le caoutchouc à de nombreux usages.

Cette découverte consiste à introduire une certaine quantité de soufre dans la matière.

Ce mélange se fait de deux façons.

La première, qui ne s'applique qu'aux objets confectionnés avec des feuilles de caoutchouc naturel scié, consiste à plonger ces objets dans un bain de soufre fondu.

La gomme absorbe une certaine quantité de soufre et se combine avec lui.

La seconde manière, qui est beaucoup plus usitée, consiste à broyer le caoutchouc, à le transformer en *pâte épaisse* et à mêler cette pâte avec de la fleur de soufre. L'amalgame se fait au moyen de cylindres chauds.

Avec cette pâte soufrée, et à l'aide de laminoirs, on obtient des feuilles et des plaques de toute épaisseur; à l'aide de moules en cuivre on façonne tous les objets que l'on désire, car, en cet état, le caoutchouc ressemble à de la pâte de farine et l'on peut lui faire prendre toutes les formes. Il se ressoude de lui-même et s'étire sous la pression.

Pour donner de la force et de la résistance aux objets confectionnés avec cette pâte malléable, on les enferme dans un cylindre chauffé par la vapeur et on les soumet à l'action d'une haute température. Le soufre contenu dans le caoutchouc se fond et se combine avec lui.

Dès cet instant, le caoutchouc possède les qualités que vous lui connaissez et n'est plus thermométrique.

Il prend alors le nom de *caoutchouc vulcanisé*.

L'opération de la vulcanisation est très délicate. Si le cylindre est trop chauffé, la matière bevient dure ; s'il ne l'est pas assez, elle n'acquiert pas les qualités voulues.

Après la vulcanisation, le caoutchouc cesse d'être pétrissable ; on ne peut plus le malaxer, le souder, le dissoudre ni lui faire prendre aucune forme nouvelle. Voilà pourquoi les objets détériorés ne peuvent se réparer.

Lorsque l'on confectionne les balles avec de la pâte soufrée, on a soin de souder à l'intérieur un morceau de caoutchouc naturel, d'un centimètre cube ; après quoi on vulcanise.

Le petit morceau ne subit aucune modification, puisqu'il ne contient pas de soufre. Il peut donc se ressouder de lui-même. Pour gonfler la balle, on introduit le bout d'un soufflet pointu à l'endroit où se trouve le petit cube. Quand on retire le soufflet, le trou formé dans le caoutchouc naturel se ressoude aussitôt et l'air ne peut s'échapper.

On ne fait pas que des balles avec ce genre de procédé, on fabrique aussi des coussinets pour malades, des pelotes de tamponnement employées par les bandagistes et certains instruments de chirurgie qui rendent de grands services aux infirmes.

Vous connaissez les coussins de voyage que l'on gonfle soi-même en soufflant dans un bouton à vis. Ces coussins, dont l'enveloppe est en étoffe, renferment des compartiments de caoutchouc qui retiennent l'air insufflé.

On confectionne d'après ce système des matelas, des oreillers, des cuvettes, des ceintures de natation et même des baignoires.

Ceci m'amène à vous parler de la troisième manipulation que subit le caoutchouc.

Je vous ai dit qu'on obtenait des feuilles en sciant le caoutchouc naturel; qu'on obtenait aussi des feuilles, des plaques et des moulages en pétrissant le caoutchouc avec du soufre.

Je vous ai indiqué les deux modes de vulcanisation.

COUSSINS A AIR EN ÉTOFFE CAOUTCHOUTÉE.

Il me reste à vous parler de la transformation du caoutchouc en *bouillie,* plus ou moins

3.

épaisse, qu'en termes de métier on appelle *dissolution.*

C'est ordinairement dans l'essence de térébenthine, dans la benzine et dans le sulfure de carbone que les industriels font dissoudre le caoutchouc.

Il est employé à l'état d'épaisse mélasse et sert à rendre les étoffes imperméables.

On l'étend au moyen d'une lame de fer.

Après l'application, l'essence s'évapore et la couche de caoutchouc reste adhérente au tissu.

C'est avec des étoffes de laine, de soie ou de coton ainsi enduites, que l'on confectionne des vêtements contre la pluie, des tabliers de nourrice, des aérostats, etc.

Avec des tissus plus solides, on fabrique des bâches, des abris, des tentes, etc. Quand on veut obtenir plus de résistance encore, on emprisonne le caoutchouc entre deux étoffes.

C'est avec ce double tissu qu'on fabrique des coussins, des sacs pour bain de vapeur,

SCAPHANDRE EN DOUBLE TISSU CAOUTCHOUTÉ.

des gourdes, des appareils de sauvetage, ect. L'appareil auquel on a donné le nom de scaphandre et qui permet aux hommes de travailler au fond des eaux, est confectionné avec un double tissu caoutchouté.

Grâce à cet appareil, on peut aujourd'hui aller chercher la cargaison des bâtiments naufragés dans les bas-fonds et réparer les navires en marche.

— Pourquoi les socques que je mets par-dessus mes chaussures en temps de neige sont-ils noirs? Il y a donc du caoutchouc de plusieurs couleurs ? demanda la petite fille.

— Le caoutchouc, qui est naturellement de teinte blanchâtre et translucide quand il est en feuille mince, reçoit facilement les mélanges lorsqu'on le pétrit sous le laminoir. On peut lui donner toutes les nuances, en ayant soin toutefois de choisir des couleurs que le soufre n'altère pas.

Les socques sont faits avec une pâte de

VÊTEMENTS ET CHAUSSURES EN ÉTOFFE CAOUTCHOUTÉE.

caoutchouc et de noir de fumée. Cette pâte est appliquée sur un tissu fort au moyen du cylindre lamineur.

C'est avec ce tissu qu'on fabrique toutes les chaussures de caoutchouc, notamment les grandes bottes qui permettent aux chasseurs d'attendre au milieu des marais le passage du gibier d'eau.

On fait aussi avec ce tissu des capotes de voiture, des genouillères pour les chevaux et généralement les objets destinés à remplacer le cuir.

Les grosses pièces de caoutchouc employées dans l'industrie ont presque toujours une teinte grise, parce que la pâte avec laquelle on les fait renferme du carbonate de magnésie et du sulfure de plomb.

Avec cette pâte grise, on fabrique des rondelles qui servent à amortir le choc des tampons de wagons et des rondelles employées comme ressorts dans les marteaux-pilons, et autres machines-outils.

TUYAUX EN CAOUTCHOUC.

Avec cette pâte, plus ou moins modifiée, on fait les tubes et tuyaux destinés à conduire l'eau, l'alcool, les essences, la vapeur, les gaz, les liquides gras, les acides corrosifs, etc., car le caoutchouc vulcanisé résiste aux dissolvants et n'est point altéré par les acides les plus énergiques.

On en fait encore des clapets, des courroies, des cordes, des joints de machines, des bandes de billard, des décrottoirs, des pièces moulées, etc.

— Et des jouets aussi, ajouta le petit garçon.

— Les jouets moulés, tels que poupées, balles, animaux, etc., sont façonnés avec de la pâte; mais les ballons captifs, soufflets de cornemuse et autres jouets à air sont faits avec de la feuille sciée.

Avant d'être gonflés, ces ballons ressemblent à des vessies molles; ils pourraient se loger dans une coquille de noix; gonflés, ils sont deux fois plus gros que la tête. C'est en

se dilatant sous la pression de l'air que la feuille
de caoutchouc s'étend et devient aussi mince

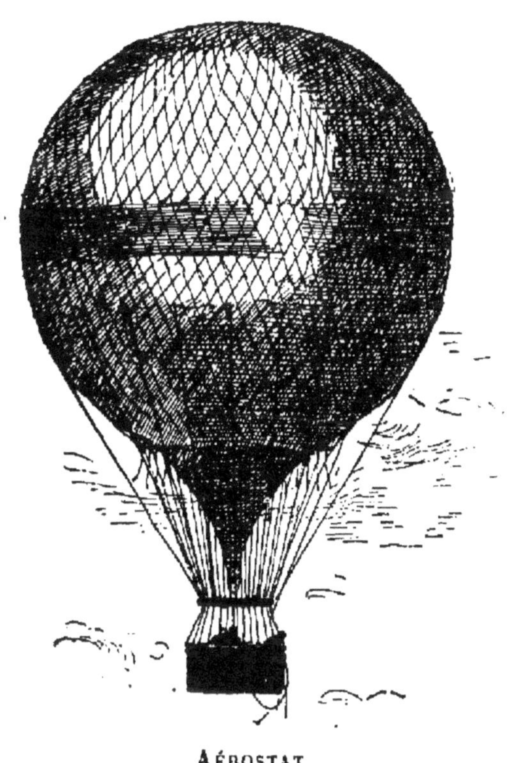

AÉROSTAT.

que du papier ou qu'une pelure d'oignon,
comme tu disais.

— Les grands ballons qui voyagent dans
les nuages sont-ils fabriqués de la sorte?
demanda la petite fille.

— Certes non. Le caoutchouc dilaté à ce point n'a plus de résistance. Un ballon captif éclate si on l'approche du feu.

Les aérostats se construisent avec de la soie enduite de caoutchouc et d'autres tissus hydrofuges qui ne se dilatent point et qui présentent assez de force pour résister à la pression du gaz qu'on y insuffle.

— Pourquoi les ballons s'enlèvent-ils? demanda Claude. Ils n'ont pas de mécaniques pour les pousser.

— Les aérostats s'enlèvent par la simple raison que le gaz dont ils sont remplis est plus léger que l'air.

La transformation du caoutchouc en matière dure est d'invention récente ; elle fait l'objet d'une nouvelle industrie qui a déjà donné d'excellents produits.

Avec le *caoutchouc durci* on fabrique des

manches de brosses, des coffrets, des couvertures d'album, des peignes, des bijoux de deuil, etc.

LE CAOUTCHOUC DURCI.

Depuis quelques années les dentistes en font des râteliers et des pièces dentaires.

C'est peut-être l'application la plus utile du caoutchouc durci. Autrefois les fausses dents en émail se fixaient à des plaques d'or ou de platine, travail difficile, qui revenait fort cher. Aujourd'hui, grâce au caoutchouc qui peut se mouler suivant la forme de la mâchoire et se durcir après le moulage, on fait des pièces dentaires à des prix très abordables.

Les vieillards édentés et pauvres peuvent désormais faire regarnir leur mâchoire et, par ce moyen, broyer leurs aliments.

— Comment se durcit le caoutchouc? demanda Mariette.

— En parlant de la vulcanisation, je vous ai dit que si l'on chauffait trop le cylindre, le caoutchouc devenait dur. On a tiré profit de cette particularité.

On chauffe le cylindre vulcanisateur tant et si bien, que la pâte se transforme en un corps si dur, qu'on peut le polir au brunissoir.

— D'après ce que je comprends, dit le petit garçon, le caoutchouc est une gomme-résine à laquelle on peut donner toute forme et toute consistance.

— Tant qu'il n'a pas été vulcanisé, fit observer Mariette. Après la vulcanisation, qui se fait au moyen de soufre fondu, le caoutchouc ne peut plus se modifier.

— Vous avez bien résumé ma petite leçon. Pour en finir avec les résines, je vous citerai pour mémoire :

La *gomme-gutte*, que l'on tire de Ceylan et de l'Inde. Avec cette substance résineuse on fait une belle couleur jaune.

L'*encens*, que l'on trouve en abondance au Bengale. C'est une gomme-résine qui est employée comme parfum.

Le *copal*, qui découle d'un sumac, arbre

du Brésil et du Mexique. Avec cette gomme-résine on fabrique des vernis.

La *myrrhe*, qui se récolte en Arabie. Cette gomme-résine est employée en médecine.

LA RÉSINE.

La *résine* proprement dite est une substance grasse, onctueuse, d'une odeur prononcée, inflammable, insoluble à l'eau. Elle découle par incision de certains arbres, tels que pin, sapin, mélèze, etc.

La résine se dissout dans l'alcool. Elle est fort employée dans l'industrie. On en fait du vernis commun, du mastic imperméable, de la poix jaune, de la cire à cacheter les bouteilles, des torches, des pots à feu, etc.

Distillée, cette résine donne l'*essence de térébenthine*. Le résidu de cette distillation produit l'*arcanson* ou *colophane*, matière que les musiciens frottent sur les crins de l'archet pour faire vibrer les cordes de leur instrument.

Lorsque les arbres, devenus trop vieux, cessent de produire de la résine, on les brûle à petit feu et l'on en retire un résidu épais qui vous est bien connu : la *poix*.

Cette poix que vous voyez, emballée dans des sacs de grossière sparterie ou dans des petits tonneaux devant la boutique des épiciers, sert à calfater les bateaux. Les cordonniers l'utilisent pour enduire le fil dont ils font usage.

Il ne faut pas confondre les résines avec les bitumes. Les résines sont des substances végétales ; les bitumes, des substances minérales.

LES BITUMES.

Le *bitume* est une matière inflammable, noire ou jaunâtre, liquide ou solide qui se trouve principalement dans l'intérieur du sol :

le *pétrole* est un *bitume liquide ;* l'asphalte un *bitume solide.*

Le *brai gras* que l'on retire de la houille, lorsqu'on la fait carboniser en vase clos pour en extraire le gaz d'éclairage, est un bitume. Les Anglais l'appellent *coaltar :* les Français *goudron de houille.* Ce goudron distillé donne le *phénol*, la *benzine*, la *naphtaline*, etc.

Le plus connu des bitumes c'est l'asphalte. Il y en a de deux espèces : *l'asphalte proprement dit* et le *bitume de Judée.*

L'asphalte.

L'asphalte proprement dit se trouve en abondance en Auvergne, dans les Landes et dans l'Ain. Les mines de Lobsann, dans le Bas-Rhin, et celle de Seysel, près de la perte du Rhône, sont les plus renommées.

Cet asphalte, appelé aussi *malthe*, se ra-

mollit à la moindre chaleur quand il est pur ;
mais, mêlé avec du sable, il est très solide et
casse difficilement. Il est employé pour les

L'ASPHALTE.

dallages des trottoirs, des rues, et pour couvrir les terrasses. On s'en sert aussi dans les
bâtiments : les rez-de-chaussée humides sont
planchéiés sur une épaisse couche d'asphalte.

4

Le bitume de Judée.

L'asphalte, appelé *bitume de Judée*, est un bitume solide noir et cassant. Il fond à une température qui dépasse celle de l'eau bouillante, c'est-à-dire à plus de 100 degrés. On lui donne le nom de bitume de Judée parce qu'on le trouve en abondance sur les bords du lac Asphaltite ou mer Morte. Il s'élève continuellement du fond du lac à la surface des eaux, où il arrive à l'état pâteux. Jeté sur la rive par les vents, il est recueilli ; s'il n'atteint pas le bord avant qu'il soit refroidi, il tombe au fond du lac.

C'est avec ce bitume que les anciens Égyptiens embaumaient leurs morts illustres. Les anciens Juifs, dit-on, suivaient aussi cet usage. Les Chinois ferment la bière de leurs morts avec cet asphalte pour les soustraire à la décomposition, parce que ce bitume laisse difficilement passer l'air.

Cette matière est employée dans les arts et l'industrie. On en fait un *mastic* pour les bijoutiers. Elle entre dans la composition des vernis noirs et de plusieurs enduits hydrofuges. On en fait aussi une espèce de couleur transparente qu'on nomme *momie*.

— Voici maintenant un bouton d'os ou d'ivoire, dit Mariette.

— Ni os ni ivoire, répliqua le grand-oncle.

LE COROSSOL.

Ce bouton est un produit végétal connu dans l'industrie sous le nom de *corossol*.

Le corossol est le fruit d'un arbre qui est le type de la famille des anonacées et qui vient de l'Amérique méridionale. Ce fruit n'est guère plus gros qu'une noix et il a toute l'apparence de l'ivoire quand il est desséché. Il sert à fabriquer de menus objets de mercerie, et principalement des boutons.

— Voici des bouchons, dit la petite fille.

— Les bouchons se font avec du liège; mais j'ignore d'où vient le liège, avoua résolument le jeune écolier.

LE LIÈGE.

— Le *liège* est l'écorce d'une espèce de chêne vert qui croit en Espagne, en Italie et dans le nord de l'Afrique. Cette écorce épaisse, rugueuse, légère, est incorruptible et résiste à l'action de l'eau.

On fabrique avec l'écorce du liège des bouchons pour fermer les bouteilles. C'est là son principal emploi. Les autres applications que l'on fait de cette matière ne sont pas très nombreuses; elle sert à confectionner des

ceintures de natation, des bouées de sauvetage et des semelles mobiles que l'on place

RÉCOLTE DU LIÈGE.

dans l'intérieur des chaussures pour préserver
les pieds contre le froid et l'humidité. Depuis
quelques années, les fabricants de produits

4.

imperméables tirent parti du liège et s'en servent à la place d'ocre rouge (l'ocre est de la terre fine). A cet effet, ils font réduire le liège en poudre, le mêlent avec de la gomme-résine, caoutchouc ou gutta-percha, ou simplement avec de l'huile de lin siccative. Ils appliquent cette pâte sur un tissu et obtiennent ainsi les tapis de pieds et des tissus impénétrables à l'eau, connus dans le commerce sous le nom de cuir-liège et de linoléum.

On enlève l'écorce du chêne-liège très facilement et pour ainsi dire tout d'une pièce. Cette récolte se fait tous les six ou huit ans. L'arbre peut donner son écorce pendant un siècle et demi.

Quand le liège est hors d'usage, on le brûle et l'on obtient ainsi une substance noire dont quelques industriels font usage.

— A quoi servent ces petits bâtons noirs?

— Je sais qu'ils servent à dessiner, mais je ne sais pas ce que c'est.

— C'est du fusain.

LE FUSAIN.

Le *fusain* est un arbrisseau qui pousse naturellement dans les haies de notre pays. On l'appelle aussi bonnet de prêtre à cause du fruit à capsule qui rappelle un peu la forme d'un bonnet carré.

Avec le tronc de cet arbrisseau on fait un charbon qui sert à polir les planches de cuivre dont les graveurs font usage. Avec les menues branches on fait du charbon à dessiner. Cependant on aurait tort de croire que le fusain fournit seul les charbons propres au dessin; on fait de ces charbons avec plusieurs espèces d'arbrisseaux. Néanmoins, quelle que soit leur provenance, on désigne ces sortes de crayons sous le nom de fusain et, par extension, on appelle fusains les dessins exécutés au moyen du charbon de bois.

Depuis plusieurs années les artistes font grand emploi du fusain. Ce genre de crayon convient principalement à l'étude du paysage.

Comme il ne laisse sur le papier qu'une poussière que le moindre frottement pourrait enlever, on fixe le travail au moyen d'un enduit à base d'alcool ou d'essence qu'on applique derrière le papier, ou directement sur le dessin au moyen d'un insufflateur.

— Le crayon que voici n'est pas fabriqué avec la même substance; il est fait avec de la mine de plomb.

— Non; il est fait avec du graphite.

LE GRAPHITE.

Le *graphite* est une substance minérale

tendre, friable et presque grasse que l'on trouve dans les terrains schisteux. Les savants l'appellent fer carburé. Dans le commerce on le désigne sous le nom de *plombagine* ou de *mine de plomb*, bien qu'il n'entre pas un atome de plomb dans cette matière.

Les principales mines de graphite se trouvent en Autriche et en Angleterre.

C'est avec cette substance, qui est plus ou moins tendre et plus ou moins noire, que l'on fabrique les crayons dont nous faisons un usage journalier.

Pour obtenir ces crayons, on prépare des bâtonnets en bois blanc — de préférence en bois de cèdre — et l'on fend ces bâtonnets en deux. On creuse une rainure dans une des parties fendues; on remplit cette rainure de graphite; ensuite on rapproche et l'on colle la contre-partie du bois. La matière se trouve ainsi comprimée au milieu du bâtonnet qui lui sert à la fois d'enveloppe et de soutien.

— Qu'est-ce que c'est que cela? demanda Mariette.

— Je n'en sais rien; ce doit être une couleur.

— Non, c'est du soufre.

LE SOUFRE.

Le *soufre* est un corps simple qui se trouve dans la nature à l'état natif. Il se présente en masse ou en poussière fine, quelquefois pur, mais le plus souvent mêlé à d'autres subs-tances.

Le soufre est dur et cassant, il est d'une couleur jaune verdâtre. Il se fond à 104 de-grés centigrades. Il s'enflamme aisément et répand en brûlant une odeur suffocante.

Le soufre se trouve dans les terrains appe-lés solfatares, voisins des volcans. Il surgit aussi de l'intérieur du sol. En Russie, dans

RAFFINAGE DU SOUFRE.

la province d'Orenbourg et dans un espace
de sept lieues, coulent plus de douze fortes

sources de soufre. Elles ne gèlent jamais.

Le soufre est fort employé dans l'industrie et dans la médecine. Il entre dans la préparation de la poudre à canon. On en tire de l'acide sulfurique. Il sert à fabriquer les allumettes et nous venons de voir qu'il est indispensable pour vulcaniser le caoutchouc.

LES ALLUMETTES.

Les *allumettes ordinaires* se font avec des bûchettes de bois blanc très menues ou des tiges de chanvre desséchées. On trempe l'extrémité de ces bûchettes dans du soufre fondu et l'on n'a plus qu'à s'en servir. Le soufre, mis en contact avec un charbon ardent, prend feu et communique sa flamme au bois.

Les *allumettes chimiques* subissent une préparation de plus. Les bûchettes, étant taillées aux dimensions voulues, sont d'abord enduites de soufre à l'un des bouts et ensuite trempées dans une préparation de phosphore

ALLUMETTES CHIMIQUES.

et de chlorate de potasse.

Ce chlorate, qui détone et brûle par le frottement, enflamme le phosphore, qui, à son tour, communique le feu au soufre, puis au bois. Ces allumettes sont très dangereuses. Évitez de vous en servir, mes enfants; donnez la préférence aux allumettes dites amorphes. Si vous êtes obligés de faire usage des allumettes chimiques ordinaires, prenez des précautions et ne les frottez qu'en détournant votre visage; surtout gardez-vous de les approcher de vos lèvres : elles contiennent un poison violent qui vous causerait d'horribles souffrances.

— Voici pourtant un bout de bougie qui ne demande qu'à être allumé, dit Mariette en riant.

— Cette fois, je ne crois pas me tromper en disant que les bougies sont faites avec de la cire.

— On ne fabrique avec de la cire que des bougies de salon et des cierges.

LA BOUGIE.

Les *bougies* qui servent à l'éclairage ordi-
naire se font avec de la stéarine et quelque-

LA FABRICATION DES BOUGIES.

fois avec du blanc de baleine, autrement appelé spermaceti.

La *stéarine* est un des principes de la graisse. Elle est incolore, a peu d'odeur et point de goût. Elle fond à moins de 40 degrés centigrades. On l'obtient en traitant les graisses par l'alcool bouillant. Elle se précipite et durcit par le refroidissement.

Pour transformer la stéarine en bougie, il suffit de la couler, lorsqu'elle est chaude, dans des moules creux au milieu desquels on a préalablement fixé une mèche en coton tressé.

Le *spermaceti* [1] est une matière blanche, onctueuse que l'on retire de la tête d'un gros cétacé, appelé cachalot. Cette substance purifiée sert à fabriquer des bougies demi-transparentes. Elle est aussi fort employée en médecine : on en fait des pommades adoucissantes, entre autres le *cold créam*, qui vous est bien connu.

1. Voir le volume de la collection : *Les trois petits mousses.*

— Les cétacés sont ces mammifères qui vivent dans l'eau et dont la pêche est si dangereuse, n'est-ce pas, mon oncle? demanda le petit garçon.

— Oui. C'est la graisse de ces animaux qui fournit aux corroyeurs la matière propre à rendre le cuir souple et imperméable. Cette matière, appelée *dégras,* est un composé de graisse et d'acides.

— Les hommes sont bien téméraires d'exposer leur vie pour se procurer de la graisse de poisson! fit observer le jeune écolier.

— Crois-tu donc que les autres choses s'obtiennent sans peine? Apprends, mon cher neveu, que le moindre objet fabriqué a toujours exigé un travail pénible et a peut-être coûté la vie à plusieurs ouvriers.

— La pipe que vous fumez en ce moment

n'a, j'imagine, causé la mort de personne? dit Mariette.

— Il ne faut jurer de rien. Claude, fais-moi la description de cet objet.

— Cette pipe est composée d'un foyer et d'un tuyau : le foyer est en écume de mer; le tuyau me paraît être en corne; les petits clous dont il est orné sont en ivoire et la substance jaune qui est au bout m'est inconnue; le cordon qui relie les deux parties porte des anneaux qui doivent être en corail.

— Fort bien : je vais reprendre l'une après l'autre ces différentes pièces et vous en indiquer l'origine.

LA MAGNÉSITE.

Le fourneau de ma pipe est bien en cette matière qu'on appelle *écume de mer*. C'est encore là une de ces fausses dénominations qui trompent les enfants et même les grandes personnes. Si l'écume de mer est employée dans l'industrie, ce dont je doute, ce n'est assurément pas à la confection des pipes.

Ce qu'on nomme écume de mer est une substance minérale composée de silice, de magnésie et d'eau. Elle est blanche, compacte, légère, mais peu résistante. Néanmoins, elle est susceptible d'être travaillée et de recevoir un beau poli.

Son vrai nom est *magnésite.*

Il y a des carrières de magnésite dans les environs de Paris, dans le département du Gard; en Espagne, près de Madrid; en Autriche, non loin de Vienne, etc. La magnésite la plus estimée, à cause de sa blancheur et de la finesse de son grain, se trouve dans plusieurs localités de l'Asie Mineure.

Cette substance gisant dans les couches infé-rieures du sol, il faut l'aller chercher en creu-sant des mines profondes. Dans ces mines, la vie des ouvriers est sans cesse menacée parce qu'il s'y produit des éboulements.

La magnésite n'est pas rare, mais elle n'a pas toujours un grain régulier ni une teinte uniforme. Il faut choisir dans un grand nombre de pipes pour en trouver une seule absolument parfaite. C'est ce qui explique la différence de prix qu'on remarque dans ces objets.

LA CORNE, L'IVOIRE.

Le tuyau de cette pipe est confectionné avec de la *corne* et des morceaux d'*ivoire*.

La corne, vous le savez, est l'ornement qui pare la tête de la plupart des ruminants, tels que : buffle, mouflon, bouquetin, cerf, antilope, etc.

CORNES OU BOIS DE CERF.

L'ivoire nous est fourni par les défenses qui sortent de la mâchoire de l'éléphant, du morse, du narval et par les dents de l'hippopotame.

Je crois inutile de faire remarquer à Mlle Mariette que les éléphants, les buffles,

5.

les hippopotames ne se chassent pas comme
de simples lapins, et que les animaux apparte-

CHASSE A L'HIPPOPOTAME.

nant à la famille de la baleine, tels que le
narval, sont plus difficiles à pêcher que des
goujons.

AMBRE JAUNE.

L'ambre jaune ou *succin*, qui forme le bouquin de ce tuyau, est une résine fossile qui se trouve dans le sol, parmi les sables et les lignites, sur les côtes de la Baltique, dans les environs de Kœnigsberg et surtout dans les collines de Schelpacko, en Pologne.

Cette résine dure, opaque, translucide ou laiteuse est aussi fragile que le verre. Elle a dû couler d'un arbre disparu depuis longtemps.

Avec l'ambre jaune on fait des menus objets de toilette, des colliers, et des articles pour fumeurs.

Les gros morceaux d'ambre jaune sont fort rares et se travaillent difficilement; de là vient le prix relativement élevé des objets fabriqués avec cette matière. On fait une imitation d'ambre jaune en employant la résine dure, appelée *gomme-copal*, dont je vous ai déjà parlé. La seule différence qui existe entre ces deux résines, c'est que la première est fusible et que la seconde ne l'est pas. Pour les distinguer l'une de l'autre, il suffit de les plonger dans un peu d'alcool : l'ambre jaune n'est point altéré par ce contact, tandis que le copal devient poisseux.

AMBRE GRIS.

Il ne faut pas confondre l'ambre jaune avec l'ambre gris. Cette dernière substance est animale ; on la trouve flottant sur les côtes du Japon, dans les mers des Indes, etc. C'est une matière grise, onctueuse et légère que l'on recherche à cause de son odeur musquée.

Elle est fournie par le cachalot.

Arrivons aux anneaux de corail.

LE CORAIL.

Le *corail*[1] est un produit de la mer.

On le trouve sur les côtes de l'Afrique et dans l'Archipel indien.

Le corail est une de ces bizarres créations, comme il y en a tant dans le monde aquatique. Par sa forme, il ressemble à une branche d'arbre desséchée; par sa consistance, à de la pierre. Pendant fort longtemps, on a cru que c'était un végétal pétrifié. Eh bien, ce n'est ni un végétal ni un minéral; c'est la dépouille durcie d'un animal appartenant à la classe des *zoophytes*, c'est-à-dire à la classe des *animaux-plantes*.

Le corail est formé par la réunion de petits êtres qui se reproduisent par des œufs et par des bourgeons qui naissent sur diverses par-

1. Voir le volume de la collection : *Les trois petits mousses.*

Corail et madrépores.

ties de la surface de leur corps et ne s'en séparent jamais; de sorte que les générations restent pour ainsi dire greffées les unes sur les autres et forment des masses plus ou moins considérables, des récifs et des îles qui ont jusqu'à vingt lieues d'étendue. On appelle ces ramifications pierreuses *madrépores* et *polypiers*. Elles sont communes dans la mer des Indes.

Les bijoutiers recherchent les polypes du corail. Ils en font de jolis bijoux dont la teinte varie du rose pâle au rouge vif.

— Je les connais, dit la petite fille, je possède un collier et un bracelet en corail. J'étais loin de me douter qu'ils provenaient d'animaux : je croyais que c'était des pierres fines.

— La récolte de ce zoophyte est très périlleuse dans le golfe Persique, car c'est en plongeant que les corailleurs vont arracher l'animal-plante au fond des eaux.

Souvent, ces infortunés, à bout de respiration, se noient, ou bien ils sont coupés en deux par les dents du requin.

LA PÊCHE DU CORAIL DANS LA MÉDITERRANÉE.

— Mon bon oncle, je reconnais mon erreur, fit Mariette : votre pipe a coûté bien du mal.

— Rien ne s'obtient sans peine, ma mignonne. C'est pourquoi les enfants ne doivent jamais se rebuter quand le travail leur paraît difficile : avec de la persévérance, on vient à bout de tout.

— Ah, voici un vieux cigare, il est fait avec du tabac.

Le tabac, d'où vient-il? demanda Mariette.

LE TABAC.

Le *tabac* est une plante de la famille des solanées. Elle a été découverte par les Espagnols à Tabaco, une des Antilles. Les botanistes lui donnent le nom de *nicotiane*.

Cette plante, originaire d'Amérique, est cultivée aujourd'hui non seulement dans les colonies, mais aussi dans toute l'Europe, où elle s'est acclimatée. La tige, qui dépasse 1 m. 50 de hauteur, est droite; les feuilles, larges, longues et retombantes, sont d'un beau vert émeraude. La fleur, qui s'épanouit en bouquet à l'extrémité de la tige, est de cou-

LE TABAC.

leur rose violacé. Cette plante, qui est annuelle dans nos pays, est vivace en Amérique où elle peut durer pendant plus de dix années.

La culture du tabac a pris une extension considérable en Europe où le besoin de fumer s'est généralisé. On peut dire que ce besoin factice est une des causes de l'augmentation progressive du prix des denrées alimentaires. Cela s'explique : les champs qui sont ensemencés de tabac ne produisent pas de céréales.

Lorsque la plante est arrivée à maturité, on la dépouille de ses feuilles, car ce sont les feuilles que l'on fume et que l'on prise. Ces feuilles, assemblées par poignées, sont suspendues et sèchent à l'air libre sous des hangars. C'est ainsi qu'elles sont expédiées à la manufacture. Arrivées là, ces feuilles sont mouillées, mises en tas et soumises à la fermentation. Après quoi, on les enlève et l'on procède au triage. Les plus belles, celles qui n'ont ni trous ni déchirures, sont mises à part. Elles sont destinées à servir de robe ou d'enveloppe aux cigares. Les autres feuilles sont hachées en lanières plus ou moins fines et mises au séchoir. Lorsque ce tabac haché est suffisamment sec, on n'a plus qu'à le mettre en paquet.

Le tabac à priser exige une longue fermentation et un travail compliqué. Il faut pour que les feuilles se réduisent en poudre les soumettre à plusieurs manipulations mécaniques, dont je t'épargne la description ; elles n'auraient aucun intérêt pour toi. J'aime mieux te faire l'historique de cette plante dont le succès croissant n'est dû qu'à la sottise humaine.

En 1569, Jean Nicot, ambassadeur de France en Portugal, présenta un plant de tabac à Catherine de Médicis. Acceptée par une reine, cette plante devint bien vite à la mode et fut recherchée par tous les courti-

Préparation du tabac.

sans qui lui attribuèrent des vertus merveil-
leuses. L'herbe à la reine ou nicotiane, — on

lui donna ces deux noms; le dernier seul a été adopté, — fut introduite en Italie par le cardinal de Sainte-Croix et de là passa successivement dans les autres contrées de l'Europe.

Lorsque l'engouement fut passé, on examina cette fameuse plante avec plus d'attention et l'on s'aperçut que, loin de guérir tous les maux, l'usage du tabac affaiblissait la pensée, troublait la mémoire et engourdissait les sens. Déclaré nuisible à la santé par la majorité des médecins, le tabac aurait dû être répudié. Il n'en fut rien pourtant; malgré les proscriptions ou plutôt à cause d'elles, le succès de l'herbe funeste ne fit que s'accroître d'année en année. Aujourd'hui tout le monde fume ou prise et le tabac fait l'objet d'un commerce considérable. La France lui doit le meilleur de son revenu, car, dans notre pays, l'État s'est réservé l'exploitation de cette marchandise et il la vend fort cher.

Chaque jour, la consommation du tabac augmente. D'où lui vient cette faveur si peu justifiée? pourquoi l'usage de cette feuille nauséabonde et empoisonnée est-il devenu presque une nécessité de la vie? je l'ignore. Ce que je puis dire, c'est que le besoin de fumer devient impérieux lorsqu'on en a contracté l'habitude; j'en sais quelque chose. Vingt fois j'ai voulu m'en délivrer et chaque fois, sans que je m'en doutasse, je me suis surpris un cigare ou une pipe à la bouche. J'ai contracté cette mauvaise habitude au régiment. J'ai voulu faire comme les camarades et je n'en suis pas à mon premier regret. Je finirai par vaincre ce besoin tyrannique, mais ce ne sera pas sans efforts. N'est-ce pas déplorable de se rendre ainsi l'esclave d'un peu de fumée? Je vous assure que ce n'est pas moi qui conseillerai jamais aux jeunes gens de céder à l'exemple et de se donner le plaisir dangereux, ou tout au moins négatif, de brûler du tabac.

Claude, dont la vanité commençait à disparaître, interrogea l'officier sans trop d'embarras.

— Tout à l'heure, lui dit-il, vous avez prononcé le mot de sparterie : qu'est-ce que c'est que la sparterie?

LA SPARTERIE.

Le *spart* ou *sparte* est une plante de la famille des graminées. Elle se trouve dans le midi de la France, en Corse, en Italie, en Afrique et principalement en Espagne, sur les montagnes arides de Murcie. Cette plante a des tiges longues de 30 à 40 centimètres très résistantes. On les tresse et l'on en fait des tapis, des nattes, des chapeaux d'été, des corbeilles et même de la ficelle et des cor-

RÉCOLTE DU SPARTE.

dages.

La *stipe tenace*, de la même famille, se tresse mieux encore que le spart.

6

On obtient des objets similaires avec des feuilles de palmiers et avec l'écorce de plusieurs arbres des contrées équatoriales. On fabrique des tapis de pieds, appelés tapis-brosse, avec la bourre grossière qui entoure les noix de coco. Tous ces produits, bien que d'origine différente, sont désignés dans le commerce sous le nom de sparterie.

— Cette mèche de lampe que voici est faite avec du coton, et le coton provient aussi d'une plante : n'est-il pas vrai, mon oncle?

— Oui.

LE COTON.

Le *coton* est une espèce de laine végétale qui enveloppe la semence de l'arbuste appelé cotonnier. Cet arbuste ne croît naturellement que dans les pays chauds, tels que les Antilles, les Indes, les Carolines, Haïti, etc.

La coque qui renferme le coton est de la grosseur d'une petite pomme. Cette coque, divisée en cellules, renferme les semences,

LE COTONNIER.

et ces semences sont elles-mêmes entourées de la bourre soyeuse qui nous occupe. Lorsque les coques sont arrivées à maturité, elles s'ouvrent et le coton se développe librement au soleil; c'est alors qu'on le recueille.

Cette plante appartient à la famille des Malvacées. On en compte une vingtaine d'es-

LA COQUE DU COTONNIER.

pèces, qui toutes habitent les pays chauds. La fleur est jaune teintée de rouge. Elle ressemble un peu à la rose trémière et à la guimauve. Sa feuille, profondément divisée, s'attache à la tige par un long pétiole et rappelle la feuille de vigne. Cet arbuste précieux était connu des anciens. On le cultivait dans l'Inde longtemps avant l'ère chrétienne. De l'Inde, il passa en Perse, puis en Arabie et plus tard en Egypte. Les Arabes propagèrent sa culture en Afrique et dans tous les pays soumis à leur puissance. Au ixe siècle, ils l'introduisirent en Espagne et fondèrent des manufactures de coton à Cordoue, à Grenade, à Séville, etc. A la même époque, les Arabes faisaient connaître à l'Europe la fabrication du papier de coton. Au xive siècle, les Turcs importèrent en Grèce l'art de tisser le coton. Les Vénitiens leur empruntèrent cette industrie, qui se propagea bientôt dans les Flandres et en Angleterre.

Les premiers tissus de coton fabriqués par les Anglais remontent à 1430. Favorisée par le gouvernement, cette industrie prit en Angleterre un essor considérable et devint une des sources de la fortune de ce pays. Actuellement encore, c'est l'Angleterre qui met en œuvre la plus grande partie des cotons importés en Europe.

En France, l'industrie des tissus de coton ne date que du xviie siècle, et c'est la ville d'Amiens qui l'employa tout d'abord. Bien qu'à cette heure on compte de nombreuses manufactures de cotons filés et tissés en Alsace, en Lorraine, en Flandre, en Normandie, etc., notre industrie cotonnière ne peut rivaliser avec celle de nos voisins. Sur 900 millions de kilogrammes de coton importés annuellement en Europe, les deux tiers de cette énorme quantité sont absorbés par l'Angleterre seule.

La culture du coton se fait actuellement dans toutes les contrées méridionales, en Perse, en Egypte, en Algérie, dans l'Inde, etc.;

mais c'est principalement du sud des États-Unis d'Amérique que vient la majeure partie du coton travaillé en Europe.

La récolte des coques de coton se fait absolument comme la cueillette du houblon. Ces coques, détachées de la tige, sont étendues sur des claies et séchées au soleil pendant cinq ou six heures; après quoi, on les égrène soit à la main, soit à la machine. Ceci fait, le coton est battu avec des baguettes et nettoyé de tous les débris qu'il peut contenir. Cette dernière manipulation terminée, on n'a plus qu'à le mettre en balle.

L'industrie du coton occupe plus de trois millions d'ouvriers.

Vous connaissez les nombreux emplois du coton filé et tissé. On en fait des tissus fins comme des toiles d'araignées ou solides comme des toiles à voiles. On en fabrique généralement des étoffes légères propres à la confection des rideaux, des robes, de la lingerie, etc.

Les fabriques les plus importantes, qui filent, tissent, impriment le coton dans notre pays se trouvent actuellement dans les Vosges et dans la Seine-Inférieure.

— Voici des pinceaux de plusieurs sortes, dit Mariette en continant l'inventaire du tiroir : avec quoi sont-ils faits ?

— Avec du poil de bête, répondit aussitôt le petit garçon.

— Sais-tu à quelle classe appartiennent les animaux dont la peau est garnie de poils? lui demanda son oncle.

— A la classe des mammifères; eux seuls jouissent de cet avantage.

— Très bien. C'est, comme tu le dis, un des signes distinctifs qui caractérisent cette classe d'animaux; cependant il n'est pas absolu. Quelques mammifères, tels que le rhinocéros, l'hippopotame, ont la peau entièrement glabre, et plusieurs individus d'autres classes, tels que les papillons et certaines araignées, ont la peau velue.

LES PINCEAUX.

Les *pinceaux* s'obtiennent en assemblant et en tenant réunis, au moyen d'une ligature, des poils en nombre plus ou moins considérable. La tête de cette petite touffe est ensuite enserrée dans un tuyau de plume ou fixée après un manche de bois.

Les pinceaux fins et doux se font avec du poil de petits carnassiers, tels que martes, putois, fouines, etc., ou avec le poil de quelques rongeurs, tels que castors, écureuils, rats musqués, etc.

Les pinceaux rudes, autrement appelés *brosses à peindre*, se confectionnent avec du poil ou *soie* de porc et de sanglier. Ce large pinceau avec lequel j'adoucis et marie les couleurs sur ma toile est fait avec du poil de blaireau, animal plantigrade, qui vit dans des terriers et qui habite le nord de l'Europe. Le pinceau lui-même est appelé *blaireau*.

Maintenant, mon dessin est terminé : partons.

— Encore une minute, mon bon oncle, s'écria Mariette : voici un collier de perles que je désire examiner.

— Emporte ce collier, et prends garde de le briser, car ces perles sont fragiles. Ce sont de minces bulles de verre enduites à l'intérieur d'une couche d'*essence d'Orient*.

— Qu'est-ce que c'est que l'essence d'Orient?

— C'est une substance tirée de l'écaille de l'ablette, petit poisson fort commun dans nos rivières.

— Et les vraies perles, comment les fait-on?

— Les *vraies perles* ne sont autre chose que de la *nacre*, matière dure et brillante qui tapisse l'intérieur des coquillages.

Les perles se trouvent dans l'écaille de certaines huîtres, appelées *arondes*, qui vivent principalement dans le golfe Persique.

La pêche des huîtres perlières se pratique comme celle du corail et présente les mêmes dangers.

A présent, mettez vos chapeaux. En avant, marche! commanda l'ancien capitaine.

TABLE

—

	Pages.
L'amadou	8
La toile cirée	11
La cire à cacheter	17
Le savon	18
La gélatine	23
La colle forte	24
La gomme	28
La gutta-percha	31
La galvanoplastie	33
Le caoutchouc	36
La résine	58
L'asphalte	60
Le bitume de Judée	62
Le corossol	63
Le liège	64
Le fusain	67
Le graphite	68
Le soufre	70
Les allumettes	72
La bougie	75
La magnésite	78
La corne, l'ivoire	80
L'ambre jaune	83
L'ambre gris	84
Le corail	85
Le tabac	89
La sparterie	96
Le coton	98
Les pinceaux	105

Coulommiers. — Typ. P. BRODARD et GALLOIS.